Camillo Michieletto

Fenomeni U.F.O. e Protezione Civile nasce il Progetto:

"MeteorCat"

In copertina: il bolide osservato il 10 agosto 1972 fotografato dal Lago Jackson (Wyoming – U.S.A.) quando si trovava a un'altitudine di circa 60 chilometri e viaggiava a 15 chilometri al secondo. Dopo aver sfiorato la Terra, si è nuovamente diretto verso lo spazio.

Proprietà letteraria dell'autore
Camillo Michieletto "MeteorCat"
Ottobre 2009 e aggiornato a maggio 2013

Edizioni Lulu.com

Introduzione

A seguito del congresso internazionale avvenuto nel 1999 riguardo al progetto denominato "I.M.P.A.C.T." dall'acronimo inglese *International Monitoring Programs for Asteroid and Comet Threat* (letteralmente "Programmi di sorveglianza per la minaccia di Asteroidi e Comete") che si è svolto a Torino, con la partecipazione della Regione Piemonte settore Protezione Civile e coordinato dall'Alenia Spazio e dall'Osservatorio Astronomico di Torino, che ha coinvolto anche la Regione Veneto e il Dipartimento di Astronomia dell'Università di Padova, sponsorizzato dalle maggiori Agenzie Spaziali mondiali, tra cui la NASA e l'ESA, con la partecipazione di oltre cento scienziati provenienti da ogni parte del globo.

La Regione Piemonte settore Protezione Civile ha istituito, un percorso formativo nel campo della prevenzione dei rischi riguardo comete, asteroidi, bolidi e meteoriti con "l'obiettivo primario di produrre uno studio di fattibilità è stato perseguito ufficialmente da Enti ed Istituzioni di settore, il lavoro strutturato in lotti funzionali di ricerca che dall'osservazione e identificazione degli oggetti siderali si è esteso fino a strutturare aspetti di alta tecnologia di monitoraggio e d'intervento".

Lo scopo principale del progetto è quello di fornire alla popolazione l'adeguata informazione o conoscenza che riguarda l'astronomia contemporanea e questo opuscolo servirà come base d'informazione.

Il progetto *"MeteorCat"* è un catalogo (raccolta di avvistamenti) nato a seguito del congresso sopra citato ed è il primo in Italia e "forse" nel mondo, "costruito" da un'associazione ufologica (Centro Italiano Studi Ufologici). Simile al catalogo "Firecat" (dell'Osservatorio Astronomico di Genova di Riccardo Ballestrieri) è uno "storico" che raccoglie avvistamenti nel tempo e non solo nell'immediato a differenza della UAI sezione Meteore e Italian Superbolidi e Network (I.T.A.S.N.). In campo ufologico si tratta di una categoria degli oggetti volanti identificati (I.F.O.) tipo meteorico appunto.

La Protezione Civile

Secondo l'articolo 1 della legge 996 in vigore nel nostro Paese dell'08 dicembre 1970: "s'intende per calamità naturale o catastrofe l'insorgere di situazioni che comportino grave danno o pericolo di grave danno alla incolumità delle persone e ai beni, che per la loro natura o estensione debbano essere fronteggiati con interventi tecnici straordinari". I compiti che deve svolgere la Protezione Civile è quello di prevedere, prevenire, intervenire e soprattutto informare.

Le calamità naturali

Il sole, l'acqua, il fuoco, la terra, il vento, sono gli elementi della natura da cui la specie umana dipende per la sopravvivenza, fino alla sua scomparsa sulla Terra. Tuttavia essi possono costituire per l'umanità anche una grave minaccia.

I disastri

Le forze naturali producono effetti di notevole dimensione. La maggior parte, di questi eventi si verifica in zone desertiche o oceaniche e non produce danni all'uomo. In questi casi non si parla di calamità. Quando invece un fenomeno naturale colpisce luoghi del pianeta popolati dall'uomo, poiché gli provoca gravi danni si parla di calamità. L'insieme dei danni causati da una calamità prende il nome di disastro. Il disastro può essere più o meno grande.

Tipologie di calamità naturali

Le calamità naturali sono: terremoti, tsunami, eruzioni vulcaniche, bradisismi, frane, alluvioni, tempeste, cicloni, gelate, siccità, valanghe e incendi.

Un'ulteriore calamità naturale

Nel luglio 1994 avvenne ciò che dalla fine degli anni '60 era considerato solamente una teoria, l'impatto di un asteroide o cometa contro un pianeta. Per la Shoemaker-Levy 9 scoperta pochi mesi prima, una cometa scomposta in oltre 20 pezzi e vederla impattare contro il pianeta Giove che con la sua attrazione gravitazionale la catturò. Da quel momento tutta l'umanità scoprì che il futuro non sarebbe stato più lo stesso e che abbiamo scoperto una calamità naturale che potrebbe essere uguale o più devastante dei disastri sopra descritti.

Altri esempi di eventuali impatti nel sistema solare

Osservando altri corpi celesti (pianeti e satelliti) si notano altri segni d'impatto, dovuti a corpi (asteroidi e comete) che hanno seguito probabilmente orbite dal moto "caotico", che hanno intersecato con questi corpi sino all'impatto. Nel Sistema Solare questo tipo d'impatti probabilmente, è del tutto normale dovuto all'espansione, quindi all'evoluzione, dell'Universo.

Definizione di caos dinamico

Stato dinamico in cui il moto di un corpo non può essere prevedibile con precisione se non entro i periodi di tempo limitato. In una tipica situazione di caos, un'infinitesima variazione delle condizioni dinamiche iniziali porta ad una determinazione finale della posizione e della velocità completamente diversa dopo un piccolo periodo di tempo. Di conseguenza, il moto dell'oggetto è intrinsecamente imprevedibile. Lo stato di caos è una vera proprietà intrinseca naturale di alcuni sistemi dinamici, e non è dovuto semplicemente a limitatezza della capacità di calcolo.

Il rischio d'impatto

Il rischio d'impatto con un asteroide e/o cometa di dimensioni *superiori al chilometro* può essere considerato come del tutto eccezionale nel contesto dei rischi derivanti da disastri naturali, ciò è dovuto essenzialmente a due motivi:

- le conseguenze dell'evento sono di gran lunga *superiori* a quelle di qualsiasi altro disastro sia naturale che artificiale (inclusa una guerra nucleare);
- la probabilità che un tale evento si verifichi durante un intervallo di tempo "politicamente" significativo (più o meno la durata della nostra vita) è estremamente *bassa*.

La Scala Torino

Nel giugno 1999, nel corso di un congresso internazionale *"IMPACT"* sulla problematica dei NEO, è stata presentata dal *prof. Richard Benzel* del Massachusetts Institute of Technology una proposta per definire in modo univoco una scala di "rischio" da impatto con i NEO.

In modo analogo alla celebre scala Mercalli ed alla misura in gradi Ricther, adottate per i terremoti si proponeva una suddivisione in 10 classi di pericolo al fine di classificare ogni nuovo oggetto scoperto attraverso la valutazione della sua pericolosità durante il prossimo secolo. Il congresso si è svolto nella città di Torino e così, sia per l'ubicazione del Congresso, sia per gli indiscussi meriti scientifici dei gruppi di ricerca attivi di Torino nel campo dei piccoli corpi del Sistema Solare sia ancora per la sensibilità e l'attenzione dimostrata verso questa problematica dagli enti regionali piemontesi, è stato stabilito all'umanità di assegnare alla suddetta scala il nome *TORINO*.

Circa un mese dopo, il Consiglio Scientifico del Congresso ha accettato la proposta, che è stata così ufficializzata attraverso la conferenza stampa tenutasi in varie parti del mondo. L'applicazione della scala *TORINO* permetterà perciò il futuro di assegnare ad ogni NEO un valore oggettivo del suo grado di pericolosità.

Descrizione

Grado 0
La probabilità di collisione è zero, o molto al di sotto di quella un oggetto occasionale qualsiasi non conosciuto. Questa classe si applica anche a oggetti talmente piccoli da non riuscire a raggiungere la superficie terrestre.

Grado 1
La probabilità di collisione è estremamente bassa, circa la stessa di un oggetto occasionale non conosciuto.

Grado 2
La probabilità di un incontro ravvicinato è leggermente superiore alla media, ma la probabilità di collisione è molto bassa.

Grado 3
L'incontro è sicuramente ravvicinato. La probabilità d'impatto è di almeno l'uno per cento. La collisione può causare solo distruzioni locali.

Grado 4
Come il 3, ma le distruzioni sarebbero su scala regionale.

Grado 5
L'incontro è sicuramente ravvicinato. La probabilità d'impatto è elevata e la distruzione è su scala regionale.

Grado 6
Come il 5, ma le distruzioni sarebbero su scala globale.

Grado 7
La collisione ha una probabilità alta. Le distruzioni sarebbero su scala globale.

Grado 8
La collisione è sicura ma le distruzioni sarebbero su scala locale. Questi eventi accadono mediamente tra 1 e 50 volte per migliaio di anni.

Grado 9
La collisione è sicura ma con distruzioni su scala regionale. Questi eventi accadono mediamente tra 1 volta ogni 1.000 anni e una volta ogni 100.000 anni.

Grado 10
La collisione è sicura ma con distruzioni su scala globale. Questi eventi accadono in media non più di una volta ogni 100.000 anni.

Note:
Il grado 0
Non comporta alcuna conseguenza.

Il grado 1
Necessita un controllo continuo dell'oggetto.

Il grado 2-4
Necessitano attenzioni particolari da parte degli astronomi e possibili studi d'intervento.

Il grado 5-7
Sono da considerare allarmanti e necessitano preparazione d'interventi.

Il grado 8-10
Rappresentano collisioni sicure e necessitano interventi.

Oggetti delle tre categorie successive:

Categoria n. 1: da 1 a 10 km di diametro

L'impatto sulla superfice del nostro pianeta di un oggetto di dimensioni comprese tra questi valori, avrebbe conseguenze su scala globale, in particolare influenzando l'equilibrio dell'atmosfera terrestre a causa dell'enorme quantità di polveri e gas in essa immessi.

Categoria n. 2: da 100 m ad 1 km di diametro

Oggetti rocciosi o metallici con dimensioni superiori ai 100 m possono raggiungere praticamente intatti la superfice terrestre e produrre un cratere le cui dimensioni possono variare tra le 10 e le 20 volte il diametro del corpo impattante. Naturalmente le zone di distruzione si estende ben oltre la zona craterizzata e gli effetti prodotti anche se di estrema gravità si fanno sentire su scala regionale, con conseguenze scarse o nulle a livello globale.

Gli oggetti di queste due categorie vengono scoperti ed inseguiti (con strumenti appropriati) da astrofisici, astronomi, radioastronomi e gruppi di astrofili per "costruire" le loro orbite per prevedere o meno un presunto impatto futuro.

Categoria n. 3: da 10 a 100 m di diametro

Per questa categoria di proiettili soltanto nel caso si tratti di oggetti di natura metallica essi possono raggiungere la superfice terrestre con una velocità sufficiente da produrre dei crateri da impatto (vedi cratere dell'Arizona: Meteor Crater).

Corpi di natura rocciosa di queste dimensioni sono distrutti nell'interazione con l'alta atmosfera ed i frammenti risultanti vengono rapidamente rallentati sino alla velocità di caduta. In questi casi buona parte della energia cinetica del corpo viene trasferita ad un'onda d'urto atmosferica. Parte di questa viene rilasciata sotto forma di un'esplosione che genera luce e calore ("palla di fuoco meteorica" o "bolide"), mentre una parte genera un'onda meccanica. Eventi di questo tipo sviluppano energie comprese tra i 100 kiloton ed i 100 megaton di TNT (per confronto l'ordigno nucleare che distrusse Hiroshima aveva un'energia di 15 kiloton). In genere questi fenomeni si verificano ad altezze così elevate da non produrre danni al suolo.

Gli oggetti di questa categoria sono difficili da prevedere perché sono molte volte "invisibili" agli strumenti, per le loro dimensioni.

Naturalmente, con l'aumentare delle dimensioni, la quota alla quale si verifica l'esplosione diminuisce, per cui gli effetti dell'onda di calore e di pressione possono produrre estesi danni in superfice, vedi…

...L'evento Tunguska

La maggior parte degli oggetti che incontrano la Terra sono di piccole dimensioni non più grandi di alcuni metri. In questi casi l'atmosfera è in grado di frapporsi come un validissimo "scudo".

Il fatto che un oggetto si disintegri nell'atmosfera non vuole automaticamente significare che sia del tutto trascurabile, basti ricordare l'evento della Tunguska, verificatosi il 30 giugno 1908 in una landa disabitata della Siberia centrale, per comprenderne la pericolosità. In quel caso l'oggetto non doveva superare i 60 m di diametro ed esplose ad un'altezza di circa 8 km. L'energia rilasciata fu circa 1000 volte superiore a quella della tristemente celebre bomba atomica di Hiroshima e l'esplosione distrusse la foresta sottostante su un'area di oltre 2.000 km quadrati.

Se al posto di una zona disabitata vi fosse stata una città, non saremmo certo qui a descrivere l'evento come una notevole curiosità scientifica...

Anche a grande distanza gli effetti furono impressionanti. Le persone più vicine vennero sollevate per aria insieme alle loro tende, rimanendo incoscienti per parecchio tempo. A 500 km si sentì ancora nettamente il rumore dell'esplosione, mentre vibrazioni sismiche furono avvertite fino a 1.000 km di distanza. Ma a febbraio del 2013...

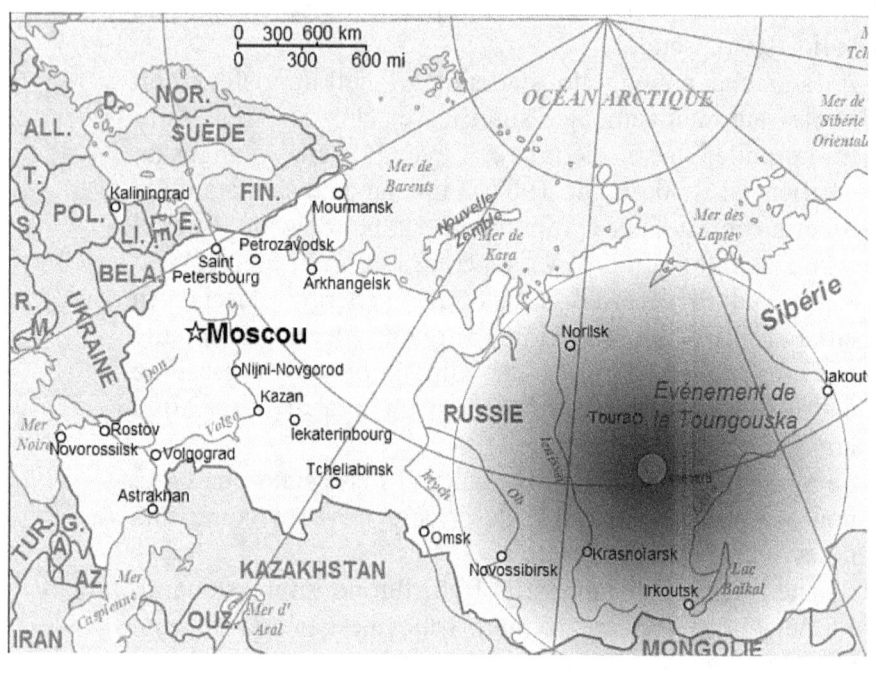

14

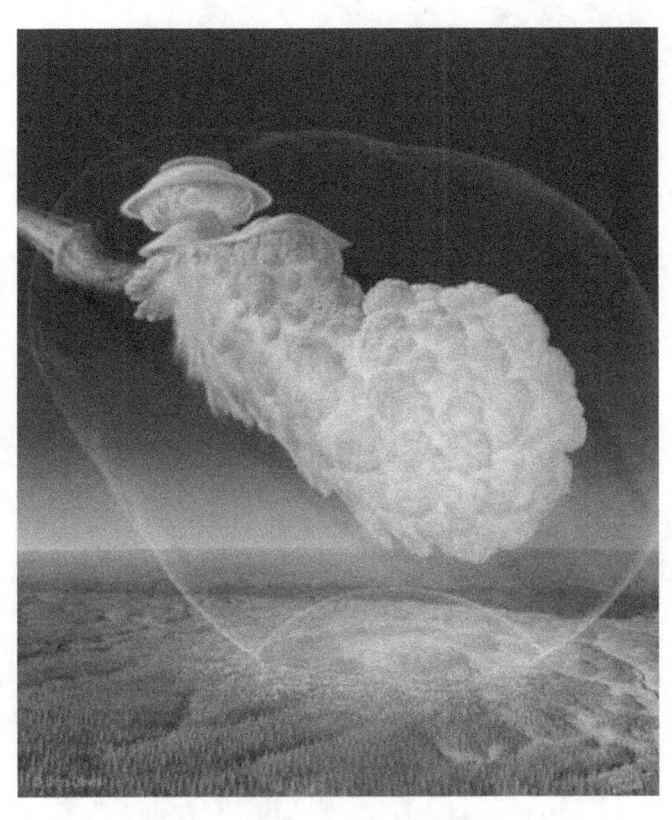

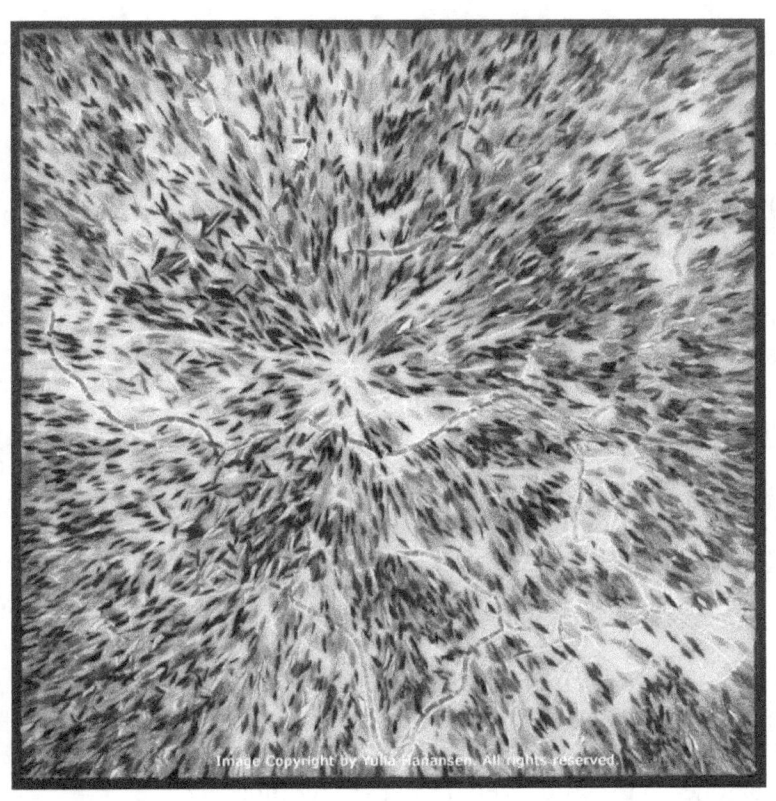

...L'evento Chelyabinsk

Nel capoluogo dell'omonima provicia degli Urali meridionali a ridosso del confine con il Kasakistan. Sono le 9:20 di venerdì 15 febbraio 2013 compare una luce a circa 20° di altitudine e poco alla sinistra del Sole. In pochi secondi il bagliore si fece più intenso sino a trasformarsi in una palla di fuoco più luminoso del Sole e successivamente lasciare una lunga scia. Il fenomeno viene registrato dalle videocamere presenti negli incroci e nelle automobili. Dopo alcuni minuti, una potente onda d'urto si sta già precipitando verso il suolo investe la cittadina con un boato, creando parecchi danni, infrangendo i vetri delle finestre, crollo di alcuni muri e scaraventando alcune persone da una parte all'altra delle stanze o uffici il tutto con una stima di oltre 1500 persone ferite.

L'oggetto valutato di circa 17 metri di diametro, la massa compresa da 7.000 a 10.000 tonnellate (come la Torre Eiffel) con velocità media di 17,3 km/s a 18° d'inclinazione da Nord verso Est Azimut 97° e l'esplosione ad un'altezza di circa 15-25 km di quota.

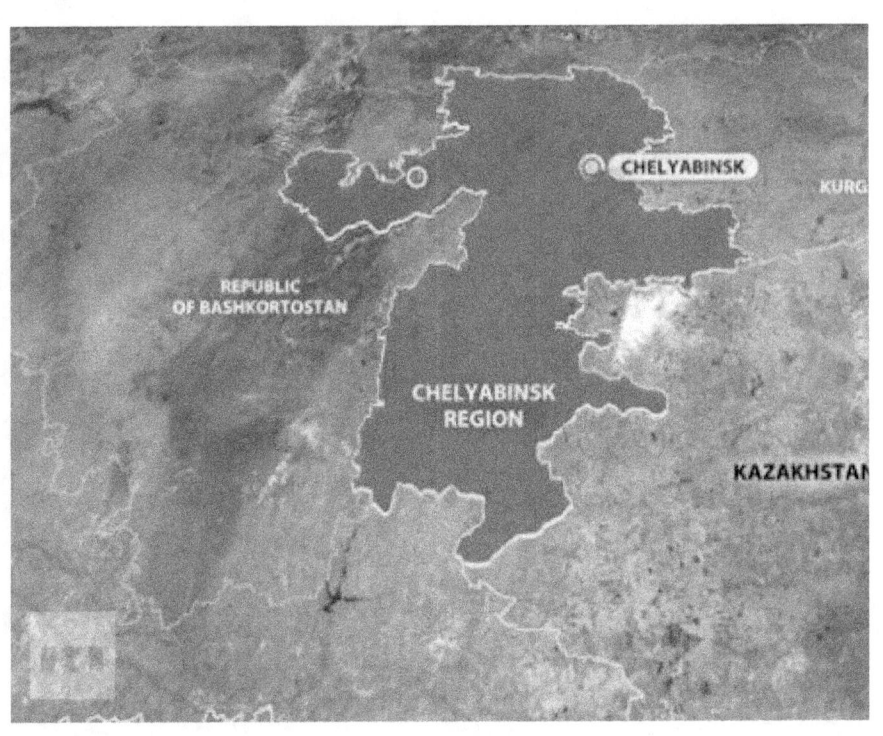

I bolidi

Molti altri fenomeni simili a quelli di Tunguska e Chelyabinsk avvengono nell'alta atmosfera senza essere così evidenti. Tuttavia la loro frequenza è molto alta. Recentemente, il Dipartimento della Difesa degli Stati Uniti ha messo a disposizione i dati (prima segreti) di esplosioni osservate da satelliti spia nell'atmosfera. Nel periodo 1975 – 1992 ne sono state individuate non meno di 10 all'anno, ed in un caso l'energia rilasciata superò il megatone, oltre 60 volte quella bomba di Hiroshima. Si può comunque presumere che esplosioni di energia fino ad una decina di megatoni dovrebbero esaurirsi nell'atmosfera, senza che l'oggetto tocchi direttamente il suolo.

Si definisce "bolide" una meteora con luminosità uguale o superiore ad una magnitudine apparente dell'ordine di -4 (all'incirca come il pianeta Venere) e sono prodotte da corpi di massa maggiore ai 100 grammi ma si stima che in qualche caso eccezionale esse raggiungano la tonnellata. L'aspetto visivo differisce notevolmente da quello di una comune "stella cadente". Solitamente sono stati osservati colori molto vividi e mutevoli, accompagnati non di rado da frammentazioni del corpo principale o vere e proprie esplosioni che probabilmente riflette differenze di struttura e resistenza alla professione del materiale di cui sono composti. Passaggi di meteore o bolidi particolarmente brillanti sono stati osservati abbastanza di frequente sull'Italia e scambiati spesso per UFO.

La traiettoria può apparire all'osservatore pressoché orizzontale e spesso sono state rapportate scie persistenti.

A causa inoltre della notevole luminosità e delle dimensioni rilevanti dell'involucro ionizzato che li circonda, le distanze dei bolidi dagli osservatori sono comunemente sottostimate. Alcuni bolidi molto luminosi sono stati avvistati anche in pieno giorno.

Vi sono inoltre un numero significativo di rapporti concernenti suoni uditi, mentre il bolide stava conducendo la sua corsa a circa un centinaio di chilometri dal suolo. La descrizione riguarda sibili, fruscii, ronzii, e crepitii, che sono stati attribuiti a bolidi con magnitudine apparente mediano di -13 (circa la luminosità della Luna piena).

Talvolta è difficile distinguere il passaggio di un bolide dal rientro nell'atmosfera terrestre di un satellite artificiale, che s'infiamma per l'attrito e produce un effetto ottico analogo a quello delle meteore: uno o più corpi fortemente luminosi seguiti da scie e osservabili per meno di un minuto. Altra caratteristica comune di questi due fenomeni è l'elevato numero di avvistamenti più o meno contemporanei su una vasta estensione territoriale.

Certi bolidi, associati a sciami, sono di chiara provenienza cometaria. Tuttavia, i dati disponibili sono ristretti ad un numero non elevato di eventi, comprendente in particolare gli oggetti più lenti, che producono tracce più facili da misurare. Pur con queste limitazioni, si trova un numero predominante di oggetti con orbite che si estendono al di là di Giove, e con bassissima resistenza interna, quindi di probabile origine cometaria. Esiste comunque una popolazione di oggetti con maggiore coesione, forse proveniente da nuclei cometari estinti o da asteroidi Near-Earth, man mano che si raccolgono nuove informazioni sui bolidi, i confini tra le due categorie divengono meno chiari, segno che il campione in nostro possesso non è ancora in grado di fornire tutte le informazioni sulla reale popolazione di questi oggetti.

Attraverso l'atmosfera

Come si diceva precedentemente, la maggior parte degli oggetti che incontrano la Terra sono di piccole dimensioni, non più grandi di alcuni metri. In questi casi l'atmosfera è in grado di frapporsi come un validissimo "scudo". Si stima che il limite in dimensione di un oggetto cosmico per non raggiungere il suolo, e venire distrutto nelle varie fasi di attraversamento atmosferico, si aggiri intorno ai 40 metri per oggetti metallici e ai 200 metri per oggetti molto meno densi. Il fatto che un oggetto si disintegri nell'atmosfera non vuole automaticamente significare che sia del tutto trascurabile, basti ricordare l'evento della Tunguska, verificatosi nel 1908 in una landa disabitata della Siberia centrale.

Effetti distruttivi

Il cratere è sicuramente il segno più evidente di un impatto, ma gli effetti distruttivi vanno ben oltre i suoi confini geometrici. Si stima che un oggetto dell'ordine di 70-80 metri possa distruggere completamente una città di dimensioni medie. Una metropoli verrebbe spazzata via da un urto con un corpo di 150-200 metri. Un oggetto di 350 metri sarebbe sufficiente a distruggere una regione, mentre uno di 700 metri potrebbe praticamente cancellare una piccola nazione.

L'interazione con l'atmosfera

Si stima che il limite in dimensioni di un oggetto cosmico affinché non raggiunga il suolo, e venga perciò disgregato e dissolto nell'attraversamento dell'atmosfera, si aggiri intorno ai 10 metri per oggetti metallici e a qualche decina di metri per oggetti molto meno densi. Per oggetti di dimensioni maggiori l'atmosfera terrestre non rappresenta alcun ostacolo, il tempo di attraversamento è, infatti di pochissimi secondi (3-4) e in questo breve intervallo le forze aerodinamiche e di frizione che si generano a seguito dell'interazione con l'aria non sono in grado di distruggere o frammentare l'oggetto. Il fatto che un oggetto si disintegri nell'atmosfera non significa comunque che non possa provocare danni al suolo.

Effetti distruttivi e loro quantificazione

Risvolti del tutto diversi ha invece il rischio d'impatto con oggetti di dimensioni molto inferiori al chilometro. Questi sono molto più numerosi ed hanno una luminosità così bassa da poter essere individuati solo quando si trovino a passare casualmente nelle immediate vicinanze della Terra. Di conseguenza la stragrande maggioranza di questi oggetti è sconosciuta ed è prevedibile che rimarrà tale almeno per molti anni a venire e comunque sono molto meno distruttivi. Inoltre è del tutto impensabile che in un futuro anche relativamente lontano, le risorse umane e tecnologiche possano riuscire a scoprire una percentuale significativa degli oggetti pericolosi di piccole dimensioni (50-100 metri). Il rischio è e resterà molto simile a quello dei disastri naturali tradizionali non prevedibili, non esistendo alcun segno premonitore.

Probabilità d'impatto

Circa ogni anno, un asteroide passa vicino alla terra ad una distanza inferiore ad 1 milione di chilometri che a detta degli astronomi risulta essere un *"colpo di striscio"*. Tenuto conto che la distanza media dalla Luna sia di 376.284 chilometri scatta l'allarme a livello mondiale per una possibile collisione.

Il danno potrebbe essere a livello globale, regionale o locale secondo le dimensioni del presunto asteroide o cometa. L'oggetto una volta scoperto, viene seguito giorno dopo giorno da vari osservatori professionali ed amatoriali costruendo così, la sua orbita annullando o confermando la sua pericolosità.

A volte oggetti non vengono scoperti in tempo e quindi passano inosservati e vengono scoperti successivamente. Per fortuna gli oggetti di diametro superiore ai 100 metri sono per buona parte stati scoperti.

Ma come viene calcolato la probabilità di un possibile impatto?

Gli astronomi hanno osservato crateri in buona parte del Sistema Solare quindi considerano questi impatti come conseguenza di una evoluzione costante nel tempo. La terra come tutti gli altri pianeti è stato anch'esso bersaglio di questi corpi, solamente che a differenza degli altri pianeti, l'atmosfera, i mari e le forze tettoniche hanno cancellato buona parte di questi crateri.

Sul nostro pianeta sono stati scoperti circa 150 crateri da impatto di diversi diametri per cui gli astronomi hanno fatto un calcolo molto approssimativo sule probabilità di collisione. Purtroppo nella storia dell'umanità non esistono tracce scritte di possibili collisioni anche se risultano vari indizi di alcuni avvenimenti che meriterebbero un ulteriore ricerca.

Nella fascia di Edgeworth-Kuiper e soprattutto e nella nube di Oort, nonostante le comete conosciute che saranno, la punta di un iceberg, in confronto con miliardi di comete che non conosciamo.

Gli astrofisici hanno calcolato ad un possibile impatto su scala locale sugli spazi terrestri circa ogni 450-1000 anni e in tutto il pianeta compreso i mari ogni 135 anni circa. Bisogna considerare che i corpi inferiori ai 100 metri di diametro, sono difficilmente visibili ed aumentano numericamente in maniera esponenziale.

Altri eventi...

Una cometa su Chicago?

Il grande incendio di Chicago dell'8 ottobre 1871 sarebbe stato causato da una cometa. E' questa l'ipotesi avanzata da Robert Wood, un fisico che lavorava per la McDonnell Douglas e ora è in pensione che ha studiato l'orbita seguita dalla cometa di Biela. Nel 1845 questo oggetto celeste si spezzò in due, a causa di un passaggio troppo ravvicinato a giove, e gli astronomi calcolarono che tra i due frammenti c'era una distanza di poco meno di 3 milioni di chilometri. Secondo Wood, la successiva influenza della forza di attrazione di Giove spinse il frammento più piccolo in un'orbita verso la Terra e all'incontro con la nostra atmosfera nell'ottobre del 1871. Inoltre ci sarebbero anche testimonianze oculari di palle di fuoco che cadevano sulla città, di assenza di fumo e di combustioni spontanee. Insomma, la pioggia di frammenti potrebbe spiegare non solo l'incendio di Chicago, che uccise 300 persone e distrusse il centro della città, ma anche gl'incendi a nord della metropoli, che uccisero 2 mila persone e distrussero 4 milioni di acri ci terreni di campagna. Wood ritiene che il frammento più grosso sia caduto nel Lago Michigan, mentre quelli più piccoli abbiamo scatenato gl'incendi negli Stati del Wisconsin e del Michigan.

Tratto da: *"Nuovo Orione"* n° 145 giugno 2004.

Tunguska 1908: una nuova ipotesi

Sia l'impatto di Carancas sia la formazione del Cheko aprono però un nuovo importante capitolo sul problema più generale della pericolosità degli asteroidi rocciosi. Entrambi questi crateri non si sarebbero potuti formare in accordo con i modelli attuali, che classificano, per esempio, gli oggetti rocciosi fino a 20 m di diametro non pericolosi perché destinati a "consumarsi" nell'attraversamento dell'atmosfera. Se questi impatti, "impossibili" nel mondo dei modelli numerici, avvengono però nella realtà, appare necessario riconsiderare la teoria o almeno le condizioni al contorno dei modelli che utilizziamo, e magari ritornare un po' di più all'osservazione e agli esperimenti, che hanno avuto una forte contrazione con l'avvento di strumenti di calcolo potenti e veloci. Tutto ciò al fine di elaborare efficaci strategie di difesa che da un lato evitino di sottostimare un pericolo che su base statistica comincia a diventare significativo, e dall'altro consentano di mettere in campo un adeguato sforzo tecnologico e scientifico per affrontare il problema. Infatti, mentre per un'altra Tunguska potremmo aspettare forse altri 1.000 anni (ma la statistica su questi numeri non ha molto senso), la probabilità che un oggetto delle dimensioni di quello che ha provocato il cratere di Carancas impatti in un punto qualunque della Terra e molto maggiore. E' bene quindi che ci attrezziamo per sorvegliare oggetti anche molto piccoli, e che cerchiamo di capire se impatti come quelli del Cheko e di Carancas siano o meno un'eccezione.

Tratto da: *"L'Astronomia"* n° 295 maggio-giugno 2008 pagg. 18-26, di Luca Gasperini è Ricercatore presso l'Istituto di Scienze Marine del CNR di Bologna (Geologia Marina) e lavora da oltre un ventennio nel campo delle Scienze della Terra.

Foresta amazzonica – Confine nordoccidentale tra Brasile e Perù 13 agosto 1930, 8:30 ora locale

Tre palle di fuoco attraversano contemporaneamente il cielo ed esplodono in quota. Il fragore è udito in una regione vasta diverse centinaia di chilometri. Il Sole diventa rosso, il cielo si oscura rapidamente e una fitta pioggia di cenere bianca comincia a cadere. Per effetto dell'esplosione, un'ampia zona della giungla brasiliana viene incendiata. Ancora una volta, la fortuna vuole che un simile evento si verifichi in un luogo pressoché disabitato.

Dell'accaduto scrive soltanto "l'Osservatore Romano", giornale del Vaticano, che pubblica un articolo di padre Fidele D'Alviano, testimone oculare dell'evento. Un quotidiano inglese, "The Daily Herald", riporta la notizia il 6 marzo 1931. Solo uno scienziato prende in seria considerazione l'evento e lo collega con quanto accaduto nella Tunguska ventidue anni prima: Leonid Kulik, che nel 1931 pubblica al riguardo un articolo rivolto all'Accademia delle Scienze di Leningrado. Trascorreranno circa sessant'anni (1989) prima che la comunità astronomica internazionale sia messa a conoscenza dell'episodio brasiliano.

Guyana britannica – Regione di Rapunumi 11
dicembre 1935

Un rumore assordante sveglia Godfrey Davidson, un minatore scozzese che vive e lavora in una piccola località della regione. Uscito dal suo alloggio, messo a soqquadro come per effetto di un'onda d'urto improvvisa, l'uomo vede una striscia rosso fuoco dissolversi lentamente in cielo. Nei giorni successivi si reca nella giungla seguendo la direzione in cui è comparsa la scia fiammeggiante e si ritrova al limite di una vasta area devastata. Da un calcolo approssimativo, conclude che l'area deve misurare all'incirca sedici chilometri per otto. Un pilota, Art Williams, sorvola l'area interessata dall'esplosione e riferisce che la zona attorno all'epicentro presenta una "strana" forma oblunga.
Nel settembre del 1939 si fa riferimento alla notizia su una rivista di Astronomia, "The Sky". L'articolo consiste nel rapporto di Serge Korff, della Bartol Researsh Foundation – Franklyn Institute (Delaware,USA), su quanto ha potuto osservare sul luogo dell'esplosione appena due mesi dopo l'accaduto. Il resoconto lascia pensare che la zona colpita dal disastro possa essere addirittura più vasta di quella della taiga nella Tunguska.

Tratto da: *"Dal caso Tunguska a 99942 Apofhis"* **edizioni CLUEB di Antonio De Blasi è un Fisico e lavora presso l'Osservatorio Astronomico di Bologna – Angelo Piemontese è un Fisico e lavora presso una multinazionale nell'ambito della Microelettronica – Fabio Stefanelli è un Fisico e appassionato di Astronomia e lavora per una multinazionale nel settore dell'Informaticion Solutions.**

12 febbraio 1947 Sikhote-Alin in Siberia (Russia)

Alle 10:30, nella fredda mattina del 12 febbraio 1947, molte persone nella zona attorno ai Monti Sikhote-Alin della Siberia orientale, videro in cielo un grosso bolide più luminoso del Sole. Proveniva da nord e aveva un angolo discendente, poi stimato, di circa 41 gradi. La luce e il potente tuono del bolide furono percepiti fino a 300 km attorno al punto d'impatto, non lontando da Luchegorsk e circa a 440 km a nordest di Vladivostok. La scia di fumo di una trentina di km, rimase nel cielo siberiano per diverse ore prima di dissolversi. Come il meteoroide entrò nell'atmosfera, alla velocità di circa 14 km/s, iniziò a frammentarsi. Ad un'altitudine di circa 5,6 km la massa principale, con una violenta esplosione, si ruppe in una moltitudine di frammenti i quali, prima di toccare il suolo si frammentarono a loro volta in un susseguirsi di esplosioni più piccole. Sikhote-Alin è stata una pioggia meteoritica massiccia e la massa totale conosciuta (TKW) di 28 tonnellate, già molto alta di per sé, non tiene chiaramente conto di tutti i frammenti che non sono stati ancora trovati. Viene stimato la massa post-atmosferica complessiva in circa 70000 kg. Una stima più recente la pone invece attorno ai 100000 kg. L'area dell'impatto di questo meteorite ha, come molte altre zone di impatto meteoritiche, una forma ellittica e si estende per circa 1,3 km². Alcuni dei frammenti di maggiori dimensioni hanno creato dei crateri, il più largo dei quali ha un diametro di 26 metri ed è profondo 6 metri. Impressionanti le foto della prima spedizione sul posto che ritraggono enormi tronchi di alberi secolari spezzati per il lungo da frammenti metallici di pochi kg.

17 maggio 1990 Sterlitamak (Russia)

Un meteorite di qualche quintale lasciò sul terreno un cratere di 9 metri.

20 giugno 1998 Kunya-Urgench (Turkmenistan)

Sul terreno rimase un buco di 6 metri (massa stimata di una tonnellata).
Insomma, non ci sono solo i grandi asteroidi distruttori o le piccole meteoriti innocue. E le vie di mezzo potrebbero far male comunque.

Tratto da: *"Coelum"* n° 111 pagg. 32-34 di Claudio Elidono è un Astronomo.

Nel frattempo, in Perù...

A proposito di oggetti celesti che cadono sulla Terra, non possiamo non riportare quanto è capitato il 15 settembre scorso (2007) a Carancas, un piccolo paese peruviano nei pressi del lago Titicaca, al confine con la Bolivia.
Lo scenario proposto dalle prime notizie d'agenzia era come al solito piuttosto drammatico: un oggetto piovuto dal cielo aveva scavato una voragine larga 30 metri e profonda 6 il cui fondo era ricoperto da un liquido melmoso maleodorante. Numerosi abitanti della zona (alcune fonti giornalistiche parlavano addirittura di centinaia di persone) avevano accusato malesseri di vario tipo: irritazioni cutanee, cefalea, nausea, vomito...

Senza contare le meteoriti di piccole dimensioni che cadono frequentemente in tutto il mondo...

Dobbiamo aspettare molto per fare ricerche in questo campo?

Anche se sono ricerche di poco conto bisognerebbe fare qualcosa, magari possono essere utili per un lontano futuro chissà, ho dobbiamo aspettare un'altra Tunguska... In un centro abitato?

Fonti bibliografici:

Il rischio asteroidi edito della Regione Piemonte settore Protezione Civile in collaborazione con l'Osservatorio Astronomico di Torino;

Scienza ed emergenze planetarie di Antonino Zichichi edito della Biblioteca Universitaria Rizzoli (BUR);

La Terra nel mirino di Alessandro Manara edito da Il Castello;

Le Meteoriti edizioni Italiana a cura di Piero Bianucci edito della De Agostini;

Tunguska di Nanni Riccobono edito della Rizzoli;

Gli Asteroidi ed il rischio da impatto di Mario Di Martino edito da: Masso delle fate del Museo di Scienze Planetarie di Prato;

2028 Il pericolo viene dal cielo di Nanni Riccobono edito della Piemme;

Il mistero di Tunguska di Sandra Verne edito della Oscar Mondadori;

Il fenomeno UFO dal Centro Italiano Studi Ufologici edizioni UPIAR;

Gli UFO di Gian Paolo Grassino e Edoardo Russo dell'Armenia Editore;

Guida all'Ufologia di Allan Handry dell'Armenia Editore.

Fonti ricavate da mensili scientifici:

Il congresso IMPACT e la scala Torino tratto da "Nuovo Orione" di maggio 2000 n° 96 pagg. 58-63;

Tunguska un flagello venuto dal cielo tratto da "L'Astronomia" di novembre 1992 n° 126 pagg. 26-33;

L'Enigma Tunguska: finalmente la soluzione! Tratto da "Nuovo Orione" di febbraio 1994 n° 21 pagg. 22-27;

Tunguska: quando il cielo esplode tratto da "Nuovo Orione" di settembre 2000 n° 100 pagg. 56-61;

100 anni fa, Tunguska tratto da "Coelum" di giugno 2008 n° 118 pagg. 26-35;

Il mistero di Tunguska, tratto da "Le Scienze" di luglio 2008 n° 478 pagg. 38-44;

Tunguska 100 anni dopo, tratto da "L'Astronomia" di maggio-giugno 2008 n° 295 pagg. 18-26 e 66-73;

Un'altra Tunguska nei cieli della Russia tratto da "Coelum" di marzo 2013 n° 168 pagg. 6-9;

La grande meteora Russa tratto da "Coelum" di aprile 2013 n° 169 pagg. 14-28;

Il cielo può caderci sulla testa? Tratto da "Nuovo Orione" di aprile 2013 n° 251 pagg. 34-39;

Il bolide della Russia: come 500 Hiroshima tratto da "Le Stelle" di aprile 2013 n° 117 pagg. 36-42.

Indice

www.ingramcontent.com/pod-product-compliance
Lightning Source LLC
Chambersburg PA
CBHW070433180526
45158CB00017B/1176